EDSON SEABRA JUNIOR

COMO PENSO

O UNIVERSO

UM MODELO CRIACIONISTA PARA O COSMO

"...e Deus disse, haja luz e houve luz, e a separou das trevas, criando o dia e a noite..."

GENESIS

Para todos aqueles que acreditam que o Universo teve um criador que o moldou com normas rígidas para a sua perfeita evolução e funcionamento.

SUMÁRIO

PREFÁCIO

Encontrou o autor no estudo escolar da física e astronomia uma grande curiosidade sobre a origem e funcionamento do universo e se dedicou a conhecer as remotas e novas teorias filosóficas e científicas sobre sua criação e evolução. Com o advento dos modernos meios de comunicação, diagramações e animações computacionais, encontrou seu melhor celeiro das descobertas e modelos que os astrônomos progressivamente formulavam.

O crescente conhecimento dessa ciência graças ao aporte tecnológico para a arte de observar e medir o movimento dos astros e eventos físicos como gravidade, buracos negro, matéria escura, tempo e espaço entre outros, muitas lacunas foram ficando ao autor quanto aos modelos apresentados para explicar o surgimento e o funcionamento do universo, posto que para ele não contemplasse de todo o observado. Iniciou-se assim o autor em conceber um modelo mesmo que teórico que explicasse harmonicamente o todo já observado e medido na astronomia e astrofísica e ainda o que é tido como um mistério.

Este livro **Como penso o Universo** é a conclusão a que chegou para um modelo que recepcionasse o observado e contemplasse uma explicação razoável para o surgimento e evolução do Cosmos, tendo como fundamental na formação desse pensamento uma conjunção dos princípios científicos e do criacionismo. O objetivo é levar o leitor a pensar outros modelos para o Cosmo que não o ortodoxo hoje existente do **"Big Bang"** e, quem sabe, criar novo paradigma para o entendimento desse grande mistério e espetacular existência que chamamos de Universo.

Devemos ter em conta durante a leitura desse livro o víeis criacionista e filosófico científico desse modelo, sem o qual o sentido do todo fica prejudicado.

Universo e Espaço

Aprendemos nos bancos escolares que o espaço é um vácuo, um vazio onde estão contidos os astros e o firmamento e tudo o mais observável no céu. No entanto, remontando o passado, observamos que na Grécia antiga surgiu o conceito do espaço ser preenchido por um fluido discreto que denominaram de Éter que envolvia e onde estavam imersos todos os astros. Este conceito surgido nos trabalhos de Pitágoras e absorvido pelos filósofos gregos; Sócrates, Aristóteles e Platão, teve vida longa, tendo explicado o movimento dos astros em torno de outros como resultado do turbilhão que eles causavam nesse éter quando nele se movimentavam.

Questionamentos sobre a existência do Éter somente vieram a ocorrer com a teoria gravitacional de Newton onde as relações entre os astros se davam em função de uma misteriosa força de atração a distancia entre os corpos massivos, independentemente de um meio físico para ligá-los. Posteriormente com a teoria da relatividade de Einstein o antigo e conceituado Éter passa a ser visto como o próprio tecido espaço-tempo agora com novas propriedades. Muito embora todos esses modelos concorrentes ao primata Éter, este ainda encontra sobrevida não mais como um oportuno meio físico de preenchimento do vazio existente entre os astros, mas como assim definiu Reich (anos 40 e 50 do século XX) um oceano de energia cósmica cujas propriedades é que determinam as ações a distancia como a gravidade. Mais recentemente na segunda metade do século XX, projeto da NASA destinado a detectar se o movimento de rotação da Terra torcia o tecido espaço/tempo, foram colocados estacionários em orbita no espaço quatro giroscópios apontando para uma distante estrela e observou-se um pequeno, mas mensurável desalinhamento desses apontamentos no tempo observado, comprovando que o tecido espaço/tempo é torcido em consequência do movimento de rotação da Terra e, portanto ele é constituído de alguma substancia massiva.

Pelo tudo que historicamente já foi falado do que seja o espaço e somado as modernas descobertas de algumas de suas propriedades físicas como; torção, expansão e compressão já observadas pela moderna ciência da astronomia, nos sugere um modelo do que venha a ser **o espaço** e assim o construímos; uma *substancia altamente massiva com elevada fluidez, compressibilidade, expansibilidade e mobilidade, formada por uma enorme quantidade de pequeníssimas partículas que nominamos "primordiais", codificadas e indivisíveis, parte portadoras de maior energia e massa e outras de menor energia e massa com a propriedade de se* *organizarem de diversas formas e vibrando à velocidade da luz.*

É do espaço que se origina e retorna tudo que observamos no universo o que para tanto assim o definimos: *o **Universo** em nosso modelo criacionista é um sistema fechado, constituído por um continente finito, de volume fixo e tridimensional que abriga como único conteúdo a substancia **espaço** como anteriormente definido.*

Temos *o **Universo*** como uma criação de uma inteligência superior que o concebeu e o programou dentro de uma lógica construtiva e autônoma com partículas primordiais codificadas providas com volume, energia e massa necessários para consecução do arquitetado. Essas partículas podem ser entendidas como o ***genoma*** do Cosmos que estabelece toda sua forma de comportamento, funcionamento e manifestação. Figuradamente podemos ver essas partículas primordiais codificadas como as letras do nosso alfabeto onde as combinando, podemos nominar objetos, números, ações, ideias e todo o conhecimento humano, assim como o computador combinando conjuntos de bits que assumem apenas duas condições; ligado e desligado podem representar eletronicamente qualquer desses conhecimentos.

Esse é o ponto de partida dessa visão criacionista do Universo como o conhecemos, observamos, medimos, sentimos e todo o mais que viermos a descobrir sobre ele. Assim o espaço é um ente inteligente constituído de partículas pré-codificadas com massa e energia para assumirem uma enormidade de combinações e objetivos específicos, mas condicionados a uma lógica pré-estabelecida que norteia toda a organização desse sistema.

Essas partículas podem assim se organizarem em diversas formas: *o padrão* (forma original, organização total), construído das partículas primordiais distribuídas homogeneamente e que constituiu o estado inicial do universo e ainda seu maior volume; *como matéria escura* que são lugares do espaço onde um grande volume das partículas primordiais de baixa energia e massa são continuamente comprimidos pelas demais e se adensam, dando inicio a construção de um subsistema reorganizado do espaço "a matéria escura", ocupando o segundo maior volume das formas de manifestação do espaço no universo; *como buracos negro*, terceiro maior volume de manifestação do espaço, são lugares onde a matéria escura sofre um alto grau de compressão e adensamento provocando nas partículas primordiais em seu centro uma enorme redução do seu grau de liberdade de vibração, transformando quase toda sua energia cinética em potencial, iniciando um processo de ligação entre elas, que de forma seletiva e obedecendo a seus códigos primordiais criam as partículas compostas fundamentais da matéria comum como a conhecemos; **prótons**, **elétrons** e **neutros** os componentes básicos dos átomos que irão por fusão formar os elementos químicos naturais da Tabela Periódica dos Elementos Químicos e constituindo-se no menor volume das formas de manifestação do espaço.

Essas novas partículas compostas criadas trazem consigo novas e complexas codificações resultantes das combinações dos códigos das partículas primordiais que as integram. Elas por sua vez têm maior densidade do que o próprio buraco negro que as criou, pois é o produto do limite do adensamento das partículas primordiais que as criaram. O mesmo não acontece com os átomos e os elementos químicos e as substancias resultantes de suas combinações, pois estes guardam na formação de suas estruturas de existências menor densidade, pelo distanciamento maior entre si das partículas fundamentais compostas que os formam.

Por sua vez, as partículas primordiais do resto do espaço permeiam os átomos preenchendo os lugares não ocupados pelos seus núcleos e elétrons, pois já formados por elas, não se sobrepõem umas as outras.

O UNIVERSO E AS PRINCIPAIS FORMAS EM QUE A SUBSTANCIA ESPAÇO SE APRESENTA

1 Substancia Espaço na sua forma original constituída de partículas primordiais codificadas de alta e baixa energia distribuídas harmonicamente e que constitui ainda o maior volume do espaço.

2 Matéria Escura que são lugares do espaço onde as partículas de menor energia são comprimidas pelas de maior energia aumentando a densidade do espaço nesses lugares. Forma-se um processo localizado de pressão (gravidade) do resto do espaço sobre parte de si mesmo, criando a segundo maior forma de organização do espaço.

3 Buraco Negro onde a matéria escura altamente densa e massiva sofre no seu centro uma compressão crítica que o grau de liberdade das partículas primordiais de menor energia tende a zero, transformando quase toda sua energia cinética em potencial, iniciando um processo de ligação entre elas que cria os **prótons, elétrons e neutros** formadores dos elementos químicos naturais como os conhecemos da tabela periódica, e a partir deles, a matéria comum como a conhecemos.

Nos locais em que o espaço seguidamente se adensa formando *"matéria escura"* e essas os *"buracos negro"*, o grau de liberdade de mobilidade de suas partículas primordiais diminuem e proporcionalmente transformam a maior parte da sua energia cinética em potencial. No limite desse adensamento nos buracos negro, quando as partículas compostas "**Prótons, Elétrons e Nêutrons**" são criadas, elas são seguidamente dele expelidas axialmente a seu eixo de rotação e passam a orbitá-lo. Os Nêutrons, uma fusão nuclear de um próton e um elétron, são partículas altamente condutivas, más isenta de carga elétrica, imprescindível para estabilizar o núcleo dos átomos, funcionando como uma conexão elétrica entre os prótons em seu núcleo, fazendo-os funcionarem como uma única carga elétrica, evitando a repulsão entre eles.

Surge assim sob maestria e arquitetura, às estruturas e tijolos basais para a construção da matéria como a conhecemos e admiramos, obediente às normas rígidas da criação contida nas partículas primordiais que tudo cria, permeia e orquestra os eventos cósmicos do qual somos produto e usuários dele.

Sabemos muito pouco disso tudo, mas nos foi dado à habilidade de pensar, sentir, observar, medir e raciocinar o que nos leva a sermos irreverentes e arrogantes para filosofar e modelar a criação e evolução do Universo, na eterna busca de compreendermos a origem de nossa existência.

Como as partículas primordiais na forma de matéria escura, buracos negro e partículas compostas fundamentais ocupam menor volume do universo do que ocupava em seu estado original, o resto do espaço ainda na sua forma padrão se expande, pois lhe sobra cada vez mais volume do Universo, e empurra com essa expansão, esses conglomerados de subsistemas.

Essa expansão irá parar um dia e o Cosmos se estabilizará, pois à medida que vão se formando esses conglomerados e o resto do espaço vai se expandindo, diminui sua densidade original, e com isso, sua capacidade de gerar novos conglomerados. Com isso, chegará um momento em que as forças dessas formas de organização do espaço se equilibrarão, mantendo apenas algumas trocas entre si, mas sem formação de novos conglomerados. Nesse processo, a força da gravidade sobre cada um desses conglomerados também sofre uma redução, podendo em alguns casos de matéria escura ainda incipiente, descomprimir parte de suas partículas primordiais de superfície, às suas condições originais primárias. Percebemos nesse enredo que Universo e Espaço são inseparáveis e se confundem em nossa percepção, pois guardam uma relação de sentido entre si, é o continente pelo conteúdo e visse versa, uma metonímia.

Formado por partículas primordiais, o Espaço tem natureza discreta muito embora nos pareça contínuo pelo diminuto tamanho das partículas que o formam, entretanto funciona como um único ente com uma inteligência una a despeito de seu tamanho e formas de apresentação. Dizemos aqui que o que nele ocorre de forma aparentemente isolada é parte inter-relacionada com o todo, para sua contínua reorganização dentro de um princípio causa e efeito imediatos que garantem sua estabilidade existencial e funcional.

Gravidade

A gravidade é a continua pressão resultante da compressão do resto das partículas primordiais do espaço sobre aqueles lugares onde elas perderam sua distribuição homogênea; *"matéria escura, buracos negro, prótons, nêutrons, elétrons, átomos, e a matéria comum como a conhecemos"*. Surge sobre os subsistemas diversos da organização harmônica das partículas primordiais. Essa compressão que chamamos força gravitacional é perene e sem perda de energia, pois ela resulta da própria existência do espaço, mas com a propriedade de diminuir com o distanciamento das camadas de compressão do resto do espaço sobre esses subsistemas a exemplo do que ocorre no efeito multidão.

É uma força incansável, localizada e decorrente do esforço do resto do espaço em ocupar o lugar onde esses subsistemas surgem no

Cosmos, ou seja, ela é diretamente proporcional a quantidade de partículas primordiais existente em cada tipo de subsistemas e se reduz rapidamente com o distanciamento deles, com uma velocidade proporcional ao inverso do quadrado dessas distancias como já calculado por Isaac Newton.

Como o volume ocupado pelas partículas primordiais adensadas nos subsistemas reorganizados do espaço; matéria escura, buracos negro, partículas fundamentais compostas e matéria comum são menores do que o volume que ocupavam anteriormente no seu estado padrão, o resto do espaço das partículas primordiais se expande, pois lhe sobra mais volume do universo para ocupar e causa uma inevitável diminuição da gravidade quer positiva quanto negativa. Essa continua expansão gera uma compressão do resto do espaço sobre esses subsistemas que os afetam coletivamente de forma diferenciada quando próximos e distantes entre si, de tal forma que;

quando um conjunto desses locais está suficientemente perto um do outro, ou seja, há intercessão dos seus campos gravitacionais, atua também sobre esse conjunto uma força de compressão que os envolve tentando unifica-los, e quando estão suficientemente distantes, ou seja, não há intercessão dos seus campos gravitacionais surge agora uma distensão do espaço entre eles que tende a afasta-los ainda mais porque o resto do espaço agora se coloca em expansão entre eles.

A gravidade que age sobre subsistemas adjacentes faz por juntar esses lugares, mas quando estão suficientemente distantes faz por afastá-los. Surge assim uma gravidade negativa após um ponto de inflexão **S** entre eles que depende das massas envolvidas entre um subsistema/conjunto deles de outro/outros do espaço, para serem vistos como próximo/distantes.

Distâncias superiores a esse ponto de inflexão entre lugares do espaço faz com que eles sofram apenas as pressões gravitacionais locais de suas massas, e agora entre eles, surge uma pressão inversa, que afastará uma/umas da outra/outras.

GRÁFICO DA ATUAÇÃO DO RESTO DO ESPAÇO SOBRE SUBSISTEMAS SURGIDOS NELE

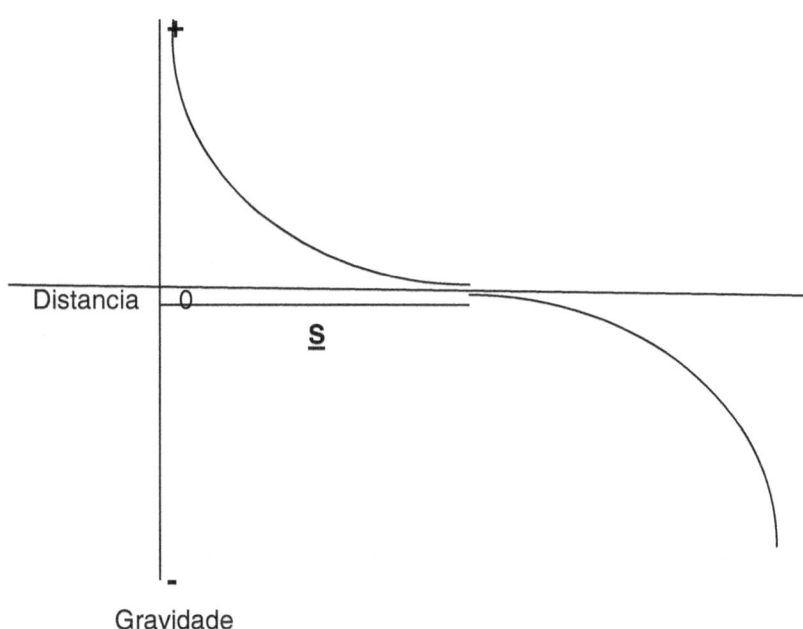

Assim podemos dizer figurativamente que temos gravidade atrativa quando a compressão do resto do espaço de maior volume tende a unir subsistemas do espaço próximos entre si e gravidade repulsiva quando tende a afastar subsistemas do espaço distantes entre si.

O espaço tem várias propriedades, onde a não distributividade da compressibilidade é a principal responsável pela diminuição gradativa da força da gravidade sobre os subsistemas quando deles se afasta. Assim o resto do espaço é mais comprimido na superfície do subsistema e sucessivamente vai descomprimindo à medida que dele se afasta ou seja, é como se ao comprimirmos uma mola, a pressão não se distribuísse por igual em toda ela como acontece em uma mola helicoidal de compressão e sim que ela seria maior na espiral oposta onde se está imprimindo a força e fosse diminuindo nas sucessivas espirais a medida que se aproxima da extremidade onde a força está sendo aplicada. Seria como o efeito multidão, a pessoa que está à frente sofre o empurrão de todas que lhe estão atrás e assim sucessivamente diminuindo a cada pessoa atrás da outra. Assim quando o espaço forma um subsistema derivado, este passa a sofrer uma continua pressão do resto do espaço proporcional à quantidade original de matéria de espaço nele contido e decrescente com o distanciamento da sua superfície.

Vejamos um exemplo desse comportamento do espaço; suponha um cubo de volume **v** hermeticamente fechado de 50 cm de aresta com ar a uma pressão **p**, e agora surja uma bola de boliche no seu centro reduzindo para **v'** o volume agora disponível para o ar. Medindo novamente a pressão do ar, encontraremos uma pressão **p' > p** porque o volume agora disponível para o ar **v'** é menor que **v** e o ar se redistribuirá homogeneamente nesse novo volume **v'** e atingirá a pressão **p'** maior mas igual em qualquer local medido dentro desse novo volume **v'**, em função da propriedade distributiva da pressão dos gases. Agora imagine que temos um aparelho que pode medir a densidade do espaço dentro desse nosso cubo de volume **v** e encontramos uma densidade de espaço **d** em qualquer ponto dele antes da existência da bola de boliche. Agora com a bola de boliche no centro do cubo e um volume restante **v' < v**, façamos várias medições da densidade de espaço no cubo a partir da superfície da bola e sucessivamente dela se afastando, encontraremos na superfície da bola uma densidade **d'** e nas seguidas medições, densidades progressivamente menores de tal forma que *d'>d">d'''>....>d*, ou seja, o espaço não se redistribui homogeneamente nesse novo volume **v'**, más sim apresenta maior densidade e pressão sobre a superfície da bola e se reduz continuamente nas camadas subsequentes, isso se deve a propriedade não distributiva da compressão do espaço, sem a qual não haveria gravidade nem matéria como a conhecemos.

FIGURA DO CUBO COM A BOLA DE BOLICHE EM SEU INTERIOR

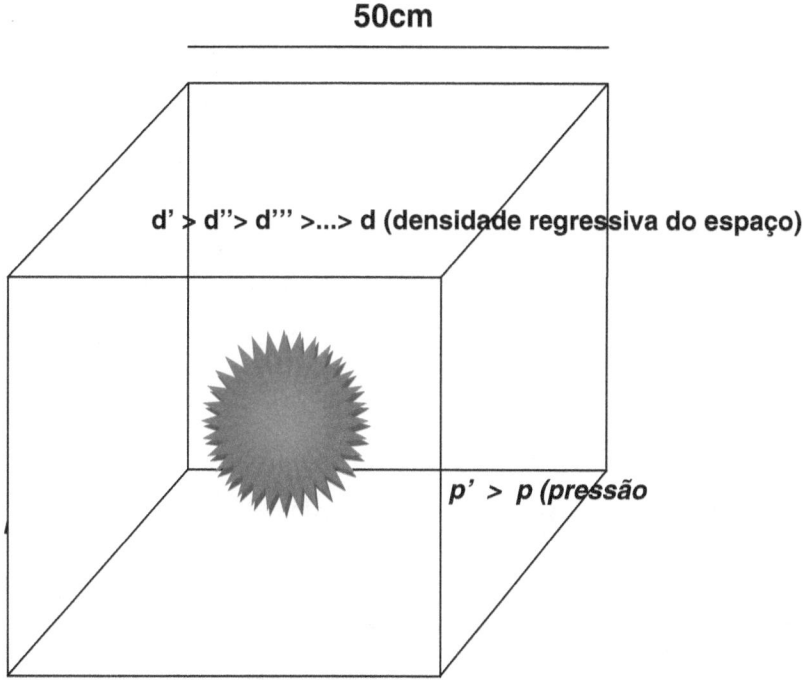

Essa propriedade do espaço que cria a gravidade é também a responsável pela genérica forma esférica dos astros, pelo fato de esse ser o sólido geométrico que apresenta o maior volume por superfície, dessa forma, o espaço ao concentra sua compressão sobre a menor superfície para um dado volume de matéria, atinge a maior pressão possível para um mesmo esforço e consequentemente a maior força gravitacional, pois age sobre uma área menor. A gravidade é assim uma consequência da própria existência do espaço, da sua propriedade de se contrair, se expandir e modificar sua configuração. É a força maior e primata no cosmos; indestrutível, contínua, perene e universal. A existência de força gravitacional em um local do espaço sinaliza que ai ocorreu uma deformação dele por adensamento, e quanto maior for essa força, maior terá sido seu adensamento e vice versa. O maior adensamento e, portanto a maior gravidade por unidade de massa será nas partículas fundamentais "***Prótons, Elétrons e Nêutrons***" seguidos pelos buracos negro, matéria escura e em menor escala na matéria comum, devidos à degradação das suas concentrações de partículas primordiais.

Matéria comum e corpos celestes

A matéria comum é formada por larga escala de átomos formados pela combinação das partículas fundamentais; *prótons*, *nêutrons* e *elétrons* que por sua vez são criadas pela fusão de partículas primordiais de baixa energia e massa comprimida dentro de um buraco negro e dele ejetados axialmente ao seu eixo de rotação passando a orbitá-lo por força do vórtice do espaço em seu entorno. Essas partículas fundamentais do átomo agora submetidas a novas forças externas ao buraco negro que as criaram se combinam para formar em um processo de fusão os átomos como o conhecemos, primeiramente o de hidrogênio e seguidamente os demais em um contínuo processo de crescimento de volume e adensamento.

À medida que ao redor do buraco negro vai se criando os elementos químicos mais leves notadamente Hidrogênio e Helio, inicia-se a formação de nuvens deles que pela ação da pressão e rotação do espaço que o circundam, vão formando elementos mais pesados que se aglomerando e se combinando entre si criam substancias diversas em larga escala e que em uma quantidade e tempo suficientes formarão nebulosas, estrelas, planetas, luas, poeira cósmica, cometas, asteroides, e toda matéria visível de uma galáxia. Assim, uma galáxia se forma a partir de um buraco negro que constituirá seu futuro centro.

A formação de toda matéria visível em uma galáxia como a "Via Láctea" requer uma enorme quantidade de partículas primordiais concentradas em um grande buraco negro que lhe de origem. Assim como nem toda matéria escura terá massa suficiente para se transformar em um buraco negro, nem todos também terão massa "Partículas Primordiais" suficientes, para ser nascedouro de uma galáxia tipo "Via Láctea". Embora buraco negro menor possa criar as partículas fundamentais dos átomos e alguns elementos químicos mais leves, somente aqueles de grande vulto que atinjam uma massa, densidade e elevado campo gravitacional, são capazes de formar grande conglomerados de matéria.

O movimento de rotação das galáxias e de rotação e translação de toda a matéria nela contida são imprescindíveis para seu agrupamento e formação dos seus astros. Mobilismo é um estado natural do espaço, tudo que existe nele está em constante movimento, é uma propriedade da sua existência.

Os corpos celestes em uma galáxia são formados em um processo de acumulação de elementos químicos que à medida que vão colidindo e se combinando, formam substancias mais complexa e densa, que submetidas à elevada pressão e temperatura vão se agregando e formando a matéria comum como a conhecemos. A força centrífuga gerada pela velocidade do vórtice provocado no espaço pelo buraco negro em rotação no centro da galáxia se encarrega de organizar esse material que progressivamente crescendo em massa e se afastando do centro da galáxia vão se consolidando em diversos tipos de astros dependendo da massa que atingem e do tipo de substancia que os integram.

Uma importante propriedade do espaço para que isso aconteça é a já citada torção decorrente do arrasto das suas partículas por um corpo massivo em rotação por conta das forças de atrito entre elas e entre elas e o corpo que gira, formando um vórtice tridimensional de enorme amplitude que coloca em translação e rotação toda matéria nele imerso. Como esse atrito não é perfeito e a densidade do espaço que auxilia essa força e provoca a gravidade diminui à medida que se distancia do buraco negro no centro da galáxia, essa velocidade do vórtice do espaço vai diminuindo na direção da sua periferia até cessar.

Dessa forma o movimento de translação dos astros decorre do empuxo sobre eles do espaço em rotação ao redor do centro da galáxia e o seu movimento de rotação da diferença existente entre o maior empuxo do espaço na tangente do lado do astro mais próximo do centro da galáxia e menor na tangente do seu lado mais distante. Assim quanto mais próximo estiver o astro do centro da galáxia e maior seu diâmetro, maior será sobre ele o empuxo de translação e de rotação. O sentido da rotação de um astro será sempre contrário ao da rotação do espaço que provoca esses movimentos nele e assim podemos afirmar que os grandes astros não se movem pelo espaço em que estão imersos, eles estão estacionários neles e quem se move é o próprio espaço que os contém e os empurram juntos e lhe dão o estado rotacional.

Na figura seguinte observamos esse comportamento onde os vórtices **V1 > V2 .... Vn > V(n+1)** criados no espaço pelo buraco negro da Via Láctea ao girar no sentido horário, empurra nesse mesmo sentido o Sol no seu movimento de translação e causa também pela degradação da velocidade das sucessivas camadas desse vórtice o movimento de rotação do Sol no sentido anti-horário porque a velocidade do vórtice **Vn** na superfície do Sol mais próximo do centro da galáxia é maior do que no vórtice **V(n+1)** na sua superfície mais distante. Esses vórtices existentes nas galáxias, estrelas, planetas e outros astros de grande volume e massa em rotação, demandam tempo para atingir seu máximo de movimento circular uniforme, assim como, os movimentos de translação e rotação daqueles que sofrem seus efeitos. Fato é que, quem determina os movimentos de translação e rotação dos astros é o movimento do espaço que os contem e quão massivo e volumoso eles são.

VIA LÁCTEA, O SOL E SUAS ROTAÇÕES

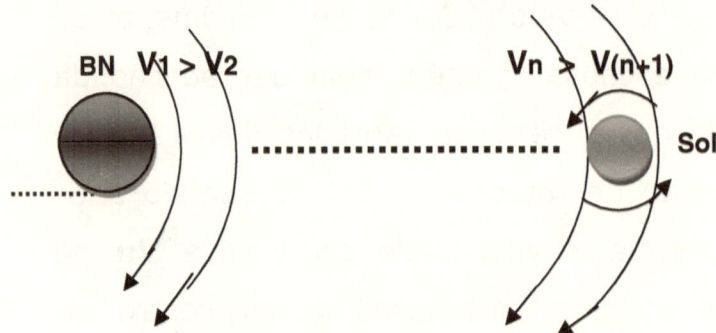

**Linhas dos vórtices no espaço da Via Láctea
BN(buraco negro da Via Láctea)**

Observemos então nesse modelo que o que provoca o movimento de translação de um corpo celeste ao redor de outro mais massivo em rotação é o empuxo da substancia espaço em rotação ao redor do mais massivo sobre o menos massivo, quanto menor a distancia desse ao orbitado maior a velocidade de empuxo a que estará submetido e, por conseguinte, maior a velocidade orbital. De forma semelhante o movimento de rotação de um corpo menos massivo em translação de um mais massivo, decorre do diferencial do empuxo do vórtice do astro mais massivo sobre o menos massivo em consequência do seu diâmetro, quanto maior o diâmetro do que orbita maior o diferencial e maior será a força rotacional.

Esses vórtices como em qualquer outro corpo massivo no universo, tem o decaimento de seu campo gravitacional em relação a um vórtice de menor raio, com o inverso do quadrado do gradiente de distanciamento que os separam, pelo seguinte motivo; a superfície de uma esfera de raio $\mathbf{r}$ é $S = 4\,\pi\,r^2$ e uma superfície de raio maior distando $\mathbf{dr}$ da superfície de raio $\mathbf{r}$ terá uma superfície $S' = 4\,\pi\,(r + dr)^2$ e a relação entre elas $\mathbf{s'} = \mathbf{s\,(1+dr/r)^2}$. A deformação de compressão causada no espaço por um corpo nele imerso de massa **m** e raio **r**, faz surgir uma força **f** de reação contrária do resto do espaço sobre ele que só depende da quantidade de sua massa que uma vez constante, **f** também será constante, e sua pressão que causa a gravidade será $p = f / 4\pi r^2$ e para uma superfície de raio $r' = r + dr$ será $p' = f / 4\pi (r + dr)^2$. Fazendo **p'** em função de **p** e simplificando temos $p' = p / (1+dr/r)^2$ ou seja, o decaimento da gravidade **p** sobre um corpo de massa **m** no espaço, se dá com o inverso do quadrado do gradiente de distanciamento à superfície desse corpo, o que não poderia ser diferente, uma vez que as superfícies esféricas crescem diretamente proporcional ao quadrado de seu raio e sendo a pressão da gravidade o resultado de uma força dividida pela superfície em que atua, seu decaimento ocorrerá inversamente proporcional ao crescimento dessas sucessivas áreas de superfícies esféricas concêntricas.

Sistema Solar

Formado pelo Sol uma estrela em rotação e circulando ao seu redor nove planetas, luas e outros corpos celestes de menor dimensão, é um sistema estável, onde os movimentos de translação dos planetas que o compõem decorrem da rotação do espaço entorno do Sol. Pela estabilidade observada desse sistema podemos intuir que esses astros estão em interação já há bastante tempo e que o vórtice do espaço criado pela rotação do Sol já se estabilizou.

A rotação do sol se dá no sentido anti-horário o que guarda conformidade com a rotação horária da galáxia, portanto em sentido contrário a rotação dela. O mesmo não acontece com os planetas em relação ao sol cujas rotações se dão no mesmo sentido anti-horário igual a do Sol, não guardando conformidade com a rotação do Sol e sim com a da Via Láctea, exceção se faça ao planeta Venus. Podemos afirmar a partir desse fato que o Sol e os planetas se formaram em locais diferentes da galáxia, más ao longo de um mesmo cinturão do vórtice no espaço da Via Láctea e, posteriormente, o vórtice do espaço criado pela rotação do Sol os capturou em vários momentos de suas já realizadas 22 voltas em torno do centro da galáxia.

O fato de o planeta Venus ser o único a ter rotação conforme no sentido horário contrário ao do Sol, significa que dos planetas do sistema solar foi o primeiro a ser capturado pelo Sol, posto que o vórtice anti-horário no espaço do Sol já teve tempo suficiente para reverter à rotação anti-horária inicial de Venus produzida pelo vórtice horário da galáxia o que consequentemente, causou uma rotação zero de Venus em algum momento da sua existência ao redor do Sol.

Dessa forma um estudo comparativo dos movimentos de translação e rotação dos planetas do Sistema Solar em relação a seu tempo de rotação, diâmetros e distancia ao Sol, será possível estabelecer uma ordem cronológica de captura deles pelo Sol quando de suas já realizadas vinte e duas viagens de translação ao redor do centro da galáxia.

Esse processo de captura também ocorre entre os planetas e seus satélites naturais, no caso do planeta Terra a rotação da Lua ainda é no mesmo sentido anti-horário da terra, mas a uma velocidade de rotação muito lenta, trazendo a informação que faz muito tempo que ela foi capturada pelo vórtice da Terra e certamente em um momento anterior à captura do conjunto Terra/Lua pelo Sol.

Observemos na figura a seguir as forças "V" a que estão submetidos os planetas Venus e Terra decorrente do movimento de rotação anti-horária do espaço entorno do Sol e os atuais sentidos de rotação desses planetas; Venus (horária) e Terra (anti-horária).

CONJUNTO SOL, VENUS E TERRA COM SUAS ROTAÇÕES

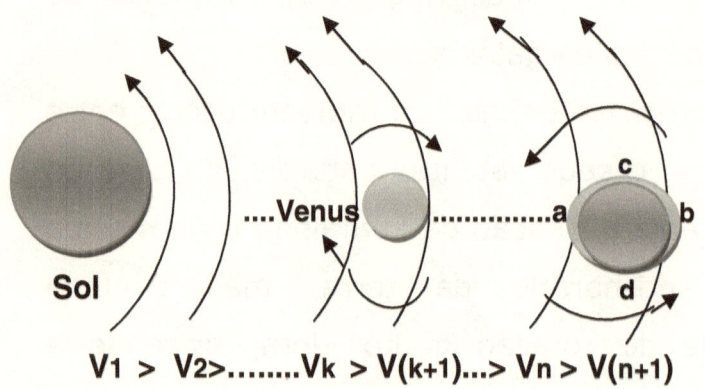

$$V_1 > V_2 > \ldots\ldots V_k > V_{(k+1)} \ldots > V_n > V_{(n+1)}$$

Vemos então nesse modelo que o vórtice do Sol tende a rodar a Terra e os demais planetas no sentido horário fazendo oposição a sua atual rotação anti-horária. Esse empuxo contrário a atual rotação da Terra faz com que ela diminua continuamente sua velocidade de rotação, aumentando o período diurno e noturno até um momento em que ela parará e iniciará lentamente sua nova rotação em sentido horário. Observemos também que esse empuxo do vórtice do Sol sobre a superfície da Terra, faz com que nos pontos "**a**" e "**b**" na figura" surjam elevações nas superfícies líquidas da Terra, sendo que em "**a**" será sempre maior que em "**b**" porque o empuxo na calota (**d-a-c**) é superior ao empuxo sobre a calota (**d-b-c**) e nos pontos "**c**" e "**d**" surge uma depressão nas suas superfícies líquidas sendo maior em "**d**" que recebe o empuxo de translação do espaço provocado pela rotação do Sol e menor no lado "**c**" oposto, onde a Terra empurra o espaço a sua frente. Com a rotação e translação da Terra, esses pontos da superfície vão mudando e criando os sucessivos efeitos de maré.

Os planetas ao orbitarem o Sol se afastam e se aproximam dele respectivamente na medida em que orbitam à frente e atrás do Sol, em relação ao empuxo do vórtice da galáxia. Como o diâmetro do Sol é muito maior do que o diâmetro dos planetas, a impulsão que ele recebe do empuxo do espaço da galáxia é bem maior, assim quando o planeta em seu movimento de translação está à frente do Sol, ou seja, recebe o empuxo do vórtice da galáxia antes do Sol este tende a se afastar do planeta porque o fluxo do espaço tende a fluir mais facilmente ao redor dos planetas do que do Sol afastando assim o Sol do planeta e temos aí o afélio, ao passo que, quando o planeta em seu movimento de translação está depois do Sol, ou seja, recebe o empuxo do vórtice da galáxia depois do Sol este tende a se aproximar do planeta pelos mesmos motivos que o fez se distanciar na situação anterior e aqui temos o periélio.

A excentricidade das orbitas elípticas dos planetas variam em função de seus diferentes diâmetros, massas, distancias ao Sol e tempo em que fazem parte do Sistema Solar. Nesse modelo podemos entender a precessão do periélio de

Mercúrio como o fato de que sua grande proximidade ao Sol acaba por sofrer também a sua orbita perturbação do turbilhão causado pelo escoamento do espaço em regiões muito próximo ao Sol.

MOVIMENTO ELÍPTICO DOS PLANETAS

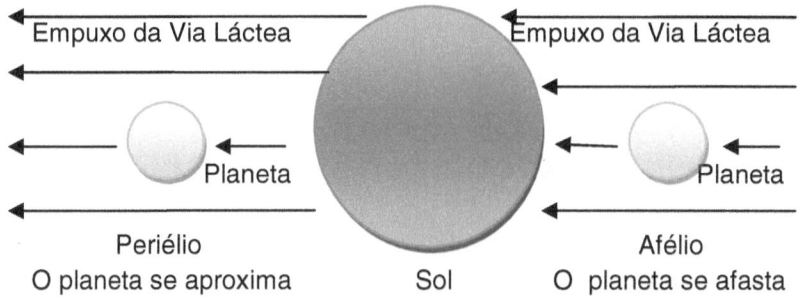

Como o conjunto Terra Lua se formou em um momento anterior a eles serem capturado pelo vórtice do Sol e passar a fazer parte do sistema solar, o vórtice anti-horário do espaço entorno da Terra já teve suficiente tempo para diminuir significativamente a rotação anti-horária da Lua e que com o devido tempo, reverterá esse sentido de rotação para horário guardando aí a Lua conformidade com a rotação do vórtice da Terra a quem orbita. Essa inversão da rotação da Lua ocorrerá antes da rotação da Terra vir a ser horária para guardar conformidade com o movimento anti-horário do Vórtice do espaço entorno do Sol a exemplo do que já aconteceu com Venus.

CONJUNTO TERRA LUA COM SUAS ROTAÇÕES

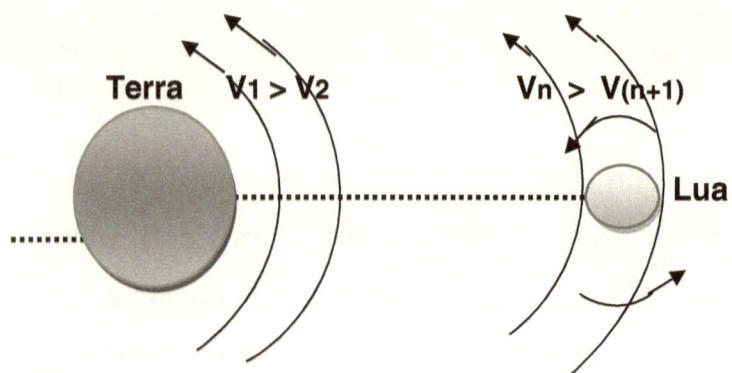

Linhas do vórtice no espaço da Terra

Observemos então nesse modelo que o vórtice no espaço provocado pela rotação da Terra tende a rodar a Lua no sentido horário fazendo oposição a sua atual rotação anti-horária. Esse empuxo contrário na Lua faz com que ela diminua continuamente sua velocidade de rotação até um momento em que ela parará e iniciará lentamente sua nova rotação em sentido horário. De forma semelhante, a Terra reverterá seu sentido de rotação para horário por força do vórtice anti-horário formado no espaço em torno do Sol e quando isso acontecer a Terra irá reverter dessa feita a rotação da Lua para anti-horária em que ela atualmente roda.

Tempo e Luz

Como dissemos inicialmente nesse modelo filosófico, o Universo é formado por duas únicas entidades primárias físicas reais e concretas; 1 – *"o continente"* que é o volume tridimensional fixo e finito que abriga como único conteúdo a substancia espaço em suas diversas formas de apresentação e 2 – *"substancia espaço"* que é o conteúdo altamente massivo com elevada fluidez, compressibilidade, expansibilidade e mobilidade constituída de partículas primordiais indivisíveis codificadas; parte delas portadoras de alta energia e massa, e outras de menor energia e massa, vibrando a velocidade da luz onde, a velocidade da luz é o compasso da imediata mudança de lugar no espaço que toda partícula primordial faz continuamente em seu eterno processo de vibração.

O tempo nesse nosso conceito do universo é a medida do intervalo entre uma posição e a outra imediatamente seguinte de cada uma das partículas primordiais do espaço em seu processo de vibração, o tempo é então uma propriedade da partícula que indica o compasso em que está seu movimento de vibrações. Não é uma 4ª dimensão física independente no Universo como se teoriza atualmente, más uma variável que se modifica com o quanto esta se deslocando a partícula em um ciclo, que se altera quando seu grau de liberdade de movimentação aumenta ou diminui provocado pela menor ou maior densidade delas no espaço. O tempo dessa forma reflete o quanto um lugar no espaço é mais ou é menos denso de partículas primordiais, é o resultado da relação entre duas propriedades das partículas primordiais; deslocamento e velocidade. Assim se compararmos o que acontece com o tempo entre um lugar ocupado pela substancia espaço com uma densidade **"d₀"** que tem um grau de liberdade de deslocamento das suas partículas **"s₀"** e outro lugar ocupado pela substancia espaço comprimida a uma densidade **"d₁"** duas vezes maior que **"d₀"** e se considerarmos para efeito didático que seja inversamente linear essa relação densidade e grau de liberdade, o grau de liberdade de deslocamento em **"d₁"** será **"s₁"** duas vezes menor que em **"s₀"** e aplicando em ambos a formula da velocidade de Newton, o tempo **"t₀"** e **"t₁"** de deslocamento das partículas à velocidade da luz em **"d₀"** e **"d₁"** assim ficam:

$$t0 = \frac{s0}{v0} \qquad e \qquad t1 = \frac{s1}{v1}$$

Como $v0 = v1 =$ velocidade da luz e $s0 = 2s1$ teremos:

$$\frac{2s1}{t0} = \frac{s1}{t1} \qquad e \qquad t1 = \frac{t0}{2}$$

Vemos então que a medida do tempo **"t₁"**, ou seja, o intervalo do deslocamento das partículas em **"d1"** é 50% menor do que o intervalo do deslocamento **"t0"** em **"d0"** porque **"d0"** é 50% menos denso do que **"d1"** e suas partículas primordiais se deslocam o dobro **"2t1"** em cada movimento. Assim a medida do tempo ou intervalo do deslocamento da partícula, varia de acordo com a densidade do espaço em que ela está sendo medida, o que não podia ser diferente, por conta da mesma velocidade de mudança de lugar das partículas que constituem a substancia espaço, independentemente das suas diversas formas de concentração. Isso ocorre porque à medida que o espaço se adensa menor a distancia entre as partículas primordial e menor seu deslocamento que ocorre sempre a velocidade da luz, aumentando sua frequência **"f"** de oscilação e diminui seu período **"T"**. Como na física de ondas **T = 1 / f,** o deslocamento nem a frequência podem ser zero, como realmente não o são, por mais denso ou expandido que seja um local no espaço, suas partículas mesmo assim estarão em movimento de vibração. O tempo então terá o tamanho necessário para acomodar o movimento da partícula no lugar do espaço em que ela se encontra. Essa é a causa da dilatação e contração do tempo que ocorre simultaneamente quando da expansão e contração do espaço.

Como a intensidade da gravidade é resultado do adensamento do espaço, lugares com campo gravitacional maiores terão a medida do tempo menor do que em locais de baixa gravidade. Um corpo em movimento não muda diretamente a medição do tempo, o que ocorre é que à sua frente forma-se uma onda de compressão no espaço que aumenta a sua densidade e diminui o grau de liberdade de suas partículas e consequentemente a medida do tempo como vimos acima e não da velocidade em si do corpo.

O que determina a medida do tempo em qualquer lugar no universo é o estado de compressão ou descompressão das partículas primordiais do espaço nesse ponto.

A luz surge quando uma fonte de energia perturba o espaço impulsionando um conjunto de partículas primordiais circunvizinhas a essa fonte que recebe esses pulsos e a propaga radialmente às partículas imediatamente adjacentes e assim sucessivamente. A energia que causou esse estímulo é transportada seguidamente num efeito onda até encontrar um obstáculo e nele descarregar essa energia através da movimentação das partículas primordiais imediatamente adjacentes ao anteparo. Ao longo desse transporte não há perda de energia porque as partículas envolvidas nesse processo de transporte já estão saturas com sua própria energia nativa que as fazem vibrar a velocidade da luz e manter continuamente o espaço em movimento gerando ondas espaciais permanentes.

O fato de a luz ter velocidade constante e ser o limite de velocidade no Universo e nascer sua existência já a essa velocidade, deve-se ao fato dela utilizar-se das partículas primordiais para sua propagação e manifestação em um obstáculo, portanto não podendo sua velocidade ser maior nem menor do que a velocidade de vibração dessas próprias partículas.

Quando um quantum de energia específico perturba seletivamente o espaço, nele se propaga em onda à velocidade da luz que se manifestará em forma de luminescência em um obstáculo. A luz é assim a soma de um processo de propagação de energia que viaja em ondas pelo meio espaço e partícula quando atinge um obstáculo.

Podemos exemplificar esse comportamento com o pendulo de Newton *"balancing-balls"* onde acontece um transporte de energia cinética de um extremo a outro de suas esferas como exposto na figura seguinte, assemelhando-se a energia luminosa que usa as partículas do espaço para a seu transporte e a descarrega ao final em um obstáculo.

BALANCING-BALLS

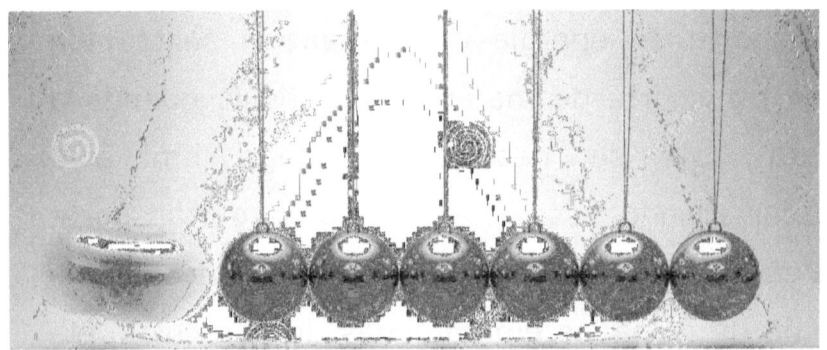

A energia cinética da bola turva mais à esquerda da foto atinge a primeira das seis bolas paradas e propaga essa energia através das demais sem desloca-las até a sexta bola a direita que não tendo para quem mais transferir essa energia adquire essa sinergia e se movimenta. Igualmente o espaço uma vez perturbado transporta essa energia partícula a partícula até atingir um obstáculo e descarrega nele essa energia através das partículas primordiais imediatas ao anteparo. Neste contexto podemos intuir o dueto onda + partícula da luz onde; sua existência ondular ocorre apenas durante o transporte de energia da primeira a sexta bola sem transporte de matéria, e partícula quando a sexta bola se desloca e atinge um alvo descarregando essa energia. Como o transporte de energia no espaço se dá de forma discreta, pois se dá de camadas em camadas de partículas, ela se propaga por pulsos de energia a velocidade da luz que lhe dá uma percepção de ser contínua.

Podemos observar esse mesmo comportamento na experiência da fenda dupla na figura abaixo; - a luz solar ao passar através da fenda S_0 do plano **A** causa uma única perturbação e transporte de energia nas partículas do espaço existente entre os planos **A** e **B** e se propaga harmonicamente. Quando essa perturbação S_0 atravessa as fendas S_1 e S_2 no plano **B,** causam duas perturbações para transporte de energia nas partículas do espaço existente entre os planos **B** e **C** de mesma intensidade, independentes e idênticas na forma, mas concorrentes entre si, pois afetam o mesmo espaço existente entre as placas **B** e **C**. A Interação entre essas duas energias gera uma perturbação resultado no espaço **BC** diferente das originais e consequentemente uma diferente descarga de partículas resultante, em **C**.

EXPERIÊNCIA DA FENDA DUPLA

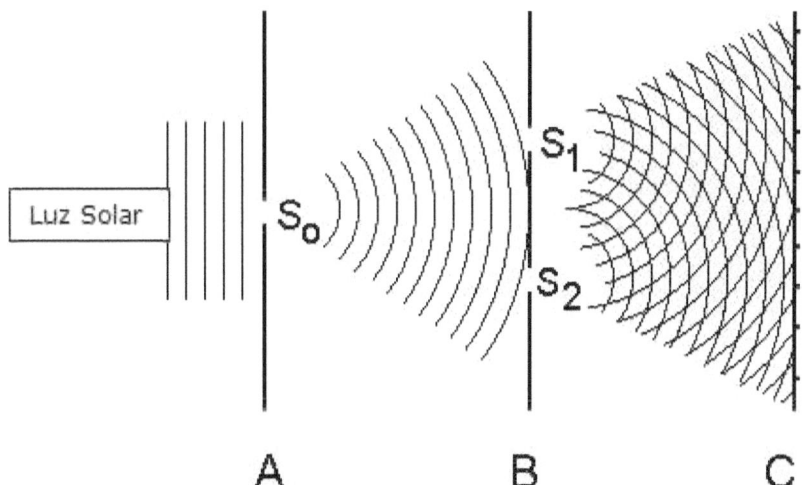

Quando esses dois estímulos se encontram no espaço **BC** os que têm correspondentes vetores de direção 100% opostos se anulam e os que têm vetores 100% iguais se somam e entre esses extremos haverá numa gradação de anulação e soma dos correspondentes vetores defasados uns aos outros. Consequentemente a energia final que chega ao plano **C** será sempre menor do que a soma das energias de estímulo nas fendas **S1** e **S2**, pois há perdas por estímulos antagônicos no trajeto entre **B** e **C**.

Paradigmas desse modelo

Qualquer pensamento notadamente quando envolve crença, filosofia e raciocínio abstratos que embora tenha fundamentos na cultura e na realidade dos fatos que nos cercam, faz surgir embate com o Status Quo dominante sobre o tema, dessa forma enumeramos os paradigmas basais que esse modelo filosófico trás na formação e evolução do Universo para reflexão do leitor em suas análises dessa leitura.

1 – O espaço passa a ser uma substancia, pré-programada por uma inteligência superior e provida dos meios necessários para consecução do arquitetado e não apenas um vácuo entre os astros e sem interação com eles. É de onde se origina e retorna tudo que conhecemos, observamos e viermos a descobrir no universo. É um sistema fechado, constituído por um

continente finito, de volume fixo e tridimensional preenchido com partículas portadoras de massa e energia necessárias à sua existência, transformação, evolução e funcionamento que dá vida ao Universo.

A energia prove o recurso para a movimentação das partículas e não se confunde com sua massa, então nesse modelo não temos o conceito de que massa se transforma em energia e visse-versa, o que temos são mudanças no estado da energia das partículas e suas concentrações. Nesse conceito a expressão de Einstein $E=mc^2$ não é uma igualdade e sim uma equivalência, ou seja, a energia contida em uma massa "m" corresponde a essa quantidade multiplicada pela velocidade da luz ao quadrado. Não comporta a existência do "Big Bang" e o conceito de inflação cósmica a ele associado. A radiação cósmica de fundo em micro-ondas atribuída ao "Big Bang" é nesse modelo o vibrar das partículas primordiais que formam o espaço.

2 – A gravidade é a maior força no universo e não é mais exclusivamente de união entre objetos massivos, mas também de repulsão entre eles, dependendo das suas massas e da distancia que os separam. As galáxias não estão se afastando umas das outras por conta da expansão do universo e sim de uma pressão repulsiva oriunda do espaço em expansão existente entre elas, que faz por afasta-las.

O conceito de ondas gravitacionais muda para ondas espaciais uma vês que resultam elas de perturbações nas partículas primordiais que formam o espaço. A própria luz, ondas eletromagnéticas de rádio, televisão, telefones celulares, etc, são produtos das perturbações por estimulo das partículas primordiais do espaço que é o meio que faculta sua existência e define suas propriedades dentre as quais sua velocidade que não pode ser superior à velocidade de vibração das próprias partículas primordiais que é a da luz.

3 – As partículas prótons, nêutrons e elétrons são formadas nos buracos negro pela fusão de partículas primordiais codificadas do espaço e carregam com elas códigos de comportamento para formação dos átomos, elementos unitários para formação da matéria como a conhecemos. Assim a matéria como a conhecemos e todo o mais que ela proporciona inclusive a existência de vida vegetal e animal não é obra do acaso, mas sim um processo controlado de criação, evolução e funcionamento. Os corpos celestes de uma galáxia são o resultado da aglomeração da matéria formada em torno do buraco negro que a originou e à medida que aumentam de volume e massa, dão surgimento a esses corpos que em grande quantidade irão formar uma galáxia como a Via Láctea com um buraco negro em seu centro.

4 – O sistema solar passa a ser um agrupamento de astros pré-existente num cinturão da Via láctea formado por uma estrela "Sol" que constitui seu centro e orbitado por planetas, luas e outros corpos menores capturados pelo vórtice do Sol e não pelo seu campo gravitacional, e dele passam a depender suas órbitas, rotações e ambiente. As marés na Terra são o resultado da pressão e das forças de impulsão e rotação sobre as superfícies líquidas da Terra produzidas pelo vórtice do Sol que dá a Terra seu movimento de translação e rotação e não ação gravitacional da Lua sobre a terra que na realidade são de repulsão e não de atração.

5 – A órbita elíptica dos planetas decorre do maior empuxo do vórtice da galáxia sobre o Sol do que sobre os Planetas, devido o maior escoamento do vórtice da galáxia sobre astros menores do que sobre os maiores. Assim quando o empuxo atinge o planeta antes de atingir o Sol, o Sol se afasta do planeta e temos aí o afélio, e quando temos o empuxo atingindo o planeta depois de atingir o Sol, o Sol se aproxima do planeta e aí temos o periélio. No afélio o empuxo de translação sobre o planeta em volta do Sol é menor e sua velocidade orbital diminui e no periélio o empuxo de translação sobre o planeta envolta do Sol é maior e sua velocidade orbital aumenta, conforme previsto na primeira Lei de Kepler. Se no ponto do afélio um planeta parasse de orbitar o Sol este se afastaria paulatinamente do planeta e este por sua vez acabaria saindo do sistema solar, e se ao contrário o planeta deixasse de orbitar o Sol no periélio este paulatinamente se aproximaria do planeta e o absorveria. Os movimentos de translação e rotação dos astros em torno de outro, se deve ao vórtice no espaço criado pela rotação do astro orbitado que os empurram e lhe dão esses movimentos e não devido à força da gravidade entre eles que é puramente axial, e nem devido à deformação do espaço/tempo de Einstein que muito embora exista nas circunvizinhanças de toda matéria não é seu ocasionador, pois suas orbitas estão alem dessa deformação espaço/tempo.

6 – O tempo não é uma dimensão física com identidade própria e sim o período da vibração das partículas fundamentais em cada lugar do espaço que por sua vez, varia com o grau de liberdade dela nesse ponto que depende da densidade local do espaço, ou seja, o resultado da relação entre deslocamento e velocidade ou pela equação da velocidade de Newton "**t = d/v**", como **v** para as partículas primordiais é uma constante e igual a C (velocidade da luz), o tempo varia exclusivamente com o deslocamento de vibração das partículas primordiais.

7 – A luz não é um fóton que viaja pelo espaço, más sim enquanto transportada, uma onda de energia que utiliza a substancia espaço

para se propagar até atingir um anteparo onde descarrega essa energia pelas partículas do espaço em contato com a superfície do obstáculo.